acatech BEZIEHT POSITION – Nr. 10

> SMART CITIES

DEUTSCHE HOCHTECHNOLOGIE
FÜR DIE STADT DER ZUKUNFT

AUFGABEN UND CHANCEN

Herausgeber:
acatech – Deutsche Akademie der Technikwissenschaften

Geschäftsstelle
Residenz München
Hofgartenstraße 2
80539 München

Hauptstadtbüro
Unter den Linden 14
10117 Berlin

T +49(0)89/5203090
F +49(0)89/5203099

T +49(0)30/206309610
F +49(0)30/206309611

E-Mail: info@acatech.de
Internet: www.acatech.de

ISSN 1863-1738/ISBN 978-3-642-20735-8/ISBN 978-3-642-20736-5 (eBook)

DOI 10.1007/978-3-642-20736-5

Bibliografische Information der Deutschen Nationalbibliothek
Die Deutsche Nationalbibliothek verzeichnet diese Publikation in der Deutschen Nationalbibliografie;
detaillierte bibliografische Daten sind im Internet über http://dnb.d-nb.de abrufbar.

© Springer-Verlag Berlin Heidelberg 2011

Dieses Werk ist urheberrechtlich geschützt. Die dadurch begründeten Rechte, insbesondere die der Übersetzung, des Nachdrucks, des Vortrags, der Entnahme von Abbildungen und Tabellen, der Funksendung, der Mikroverfilmung oder der Vervielfältigung auf anderen Wegen und der Speicherung in Datenverarbeitungsanlagen, bleiben, auch bei nur auszugsweiser Verwertung, vorbehalten. Eine Vervielfältigung dieses Werkes oder von Teilen dieses Werkes ist auch im Einzelfall nur in den Grenzen der gesetzlichen Bestimmungen des Urheberrechtsgesetzes der Bundesrepublik Deutschland vom 9. September 1965 in der jeweils geltenden Fassung zulässig. Sie ist grundsätzlich vergütungspflichtig. Zuwiderhandlungen unterliegen den Strafbestimmungen des Urheberrechtsgesetzes. Die Wiedergabe von Gebrauchsnamen, Handelsnamen, Warenbezeichnungen usw. in diesem Werk berechtigt auch ohne besondere Kennzeichnung nicht zu der Annahme, dass solche Namen im Sinne der Warenzeichen- und Markenschutz-Gesetzgebung als frei zu betrachten waren und daher von jedermann benutzt werden dürften.

Koordination: Dr. Andreas Möller
Redaktion: Julian Molina Romero M.A., Victor Molina Romero M.A. M.A., Dr. Katja Thierjung
Layout-Konzeption: acatech
Konvertierung und Satz: Fraunhofer-Institut für Intelligente Analyse- und Informationssysteme IAIS, Sankt Augustin

Gedruckt auf säurefreiem Papier

springer.com

> INHALT

PROJEKTVERLAUF UND MITWIRKENDE		5
KURZFASSUNG		7
1	EINLEITUNG	9
2	RAHMENBEDINGUNGEN	11
3	HANDLUNGSFELDER	13
4	HANDLUNGSEMPFEHLUNGEN	19
5	LITERATUR	22

Smart Cities

PROJEKTVERLAUF UND MITWIRKENDE

Die vorliegende Publikation wurde von einer durch acatech einberufenen Expertengruppe erstellt und vom acatech Präsidium im Februar 2011 syndiziert. acatech dankt allen Mitwirkenden für die Diskussion und die Mitarbeit an diesem Papier.

> LEITUNG

— Prof. Dr. Ina Schieferdecker, Fraunhofer FOKUS

> MITWIRKENDE

— Dr. Peter Biesenbach, Robert Bosch GmbH
— Dr. Andreas Breuer, RWE AG
— Dr. Gunnar Brink, Fraunhofer Gesellschaft
— Prof. Dr. Mandfred Broy, Technische Universität München
— Matthias Brucke, OFFIS Institut für Informatik
— Ralph Büchele, Roland Berger Strategy Consultants GmbH
— Clemens Deilmann, Leibniz-Institut für ökologische Raumentwicklung
— Prof. Dr. Benjamin Doerr, Max Planck Institut für Informatik
— Marcus Fehling, Siemens AG
— Tine Fuchs, Deutscher Industrie- und Handelskammertag e.V.
— Dr.-Ing. Raimund Glitz, VDI Technologiezentrum
— Prof. Dr. Otthein Herzog, Jacobs University Bremen, Universität Bremen
— Prof. Dr. Lutz Heuser, AGT Group
— Dr. Herbert Kemming, Institut für Landes- und Stadtentwicklungsforschung
— Tobias Krug, Bundesverband der Deutschen Industrie e.V.
— Peter Liebhart, Technologien für Zivile Sicherheit GmbH (TZS)
— Prof. Dr. Kurt Mehlhorn, Max-Planck-Institut für Informatik
— Prof. Dr. Wolfgang Nebel, OFFIS Institut für Informatik
— Oliver Rau, IBM Deutschland Research & Development
— Alexander Rieck, Fraunhofer Gesellschaft
— Dr. Joachim Roser, BASF Construction Chemicals GmbH
— Prof. Dr. Robert Schlögl, Fritz-Haber-Institut der Max-Planck-Gesellschaft
— Prof. Dr. Gernot Spiegelberg, Siemens AG
— Helmuth von Grolman, Deutsches Dialog Institut
— Michael Wedler, B.A.U.M. Consult GmbH

> KOMMENTATOREN

— Prof. Dr. Rudolf Giffinger, Technische Universität Wien
— Josef Lorenz, Nokia Siemens Network

> REDAKTION

— Julian Molina Romero, M.A., acatech Geschäftsstelle
— Victor Molina Romero, M.A. M.A., acatech Geschäftsstelle
— Dr. Katja Thierjung, acatech Geschäftsstelle

KURZFASSUNG

Die weltweite Urbanisierung ist eine zentrale Herausforderung des 21. Jahrhunderts. Die Zahl der Menschen, die in Städten leben, wächst rapide: Seit 2007 wohnen erstmals mehr Menschen in Ballungsräumen als in ländlichen Regionen und verbrauchen hierbei 75 % der global erzeugten Energie. Die Vereinten Nationen schätzen, dass im Jahr 2030 knapp 60 % aller Menschen in Städten leben werden. Im Jahr 1900 waren es nur 13 %. Dabei nimmt der Urbanisierungsgrad nicht nur in den Industrienationen (80 % bis zum Jahr 2030), sondern vor allem in den Entwicklungsländern (55 % bis zum Jahr 2030) zu. Im Zuge der Globalisierung stellt diese Entwicklung Politik, Wissenschaft und Wirtschaft vor folgende Probleme:

1. Städte in den Entwicklungs- und Schwellenländern verkraften den globalen Urbanisierungstrend immer schlechter: Es herrscht Wohnraummangel, Infrastrukturen sind überlastet, Wasser- und Energieversorgungen sind gefährdet.

2. Unkontrolliertes Städtewachstum gefährdet darüber hinaus das Ökosystem und damit die Lebensgrundlage der Stadtbevölkerung.

3. Die Urbanisierung geht aber auch mit Chancen für die Bevölkerung einher: Großstädte und Ballungsräume können Güter sowie Dienstleistungen zu vergleichsweise geringen Pro-Kopf-Kosten effizient bereitstellen, bieten daher gute Rahmenbedingungen für Wachstum und Produktivität und tragen somit zur Verbesserung der Lebensbedingungen bei.

Die Stadt als zentraler Knotenpunkt menschlichen Lebens ist auf intelligente Technologien für effiziente und vernetzte Infrastrukturen angewiesen. Smarte Technologien bieten innovative Lösungen für aktuelle und zukünftige Herausforderungen von Städten und Kommunen in verschiedenen Lebens- und Arbeitsbereichen. Von Bürgerservice, Wohnen und Mobilität über Bildung, Energie- und Gesundheitsversorgung bis hin zur öffentlichen Sicherheit reichen die Felder, in denen eine Stadt smart ist oder smart(er) werden kann. Dabei geht es sowohl um neuartige Primärlösungen – typischerweise interdisziplinäre Integrationslösungen – als auch um Sekundärlösungen (Informations- und Kommunikationstechnologien) zur Effizienzsteigerung bestehender Infrastrukturen.

Die vorliegende Publikation befasst sich mit dem Themenkomplex Smart City aus technologiepolitischer Sicht. Thematisch ist diese eingebettet in weiterführende acatech Aktivitäten, wie etwa den am 12. November 2010 in Bangalore durchgeführten Workshop Smart Cities im Rahmen des Projekts *German Indian Partnership for IT-Systems (GRIP-IT)*. Ziel dieser acatech Publikation ist es, einen Ansatz für die strategische Vorausschau und Planung des politischen Handelns zu bieten. Die Empfehlungen werden sich dabei auf die hoheitlichen Aufgaben staatlichen Handelns konzentrieren, die nicht vom Markt übernommen werden können.

Für den Wirtschaftsstandort Deutschland ist das Thema Smart Cities aus zwei Gründen relevant: zum einen Deutschland als Leitmarkt und zum anderen als Leitanbieter für Smart City-Technologien und Know-how. Angesichts des europäischen und weltweiten Bedarfs an smarten Technologien ist es die Aufgabe, Deutschland als Leitanbieter innovativer Gesamtlösungen zu etablieren. Durch adäquate Rahmenbedingungen kann die Politik dazu beitragen, Smart City-Lösungen auch in Deutschland zu fördern. Heimische Modellprojekte und Referenzstädte stellen eine gute Möglichkeit dar, das Wissen im Bereich der Systemintegration von Smart Cities zu vertiefen. Durch diese Maßnahmen kann die deutsche Wirtschaft profitieren und sich künftig nicht nur als Leitanbieter sondern auch als Leitmarkt positionieren.

Zentrale Empfehlungen sind:

1. **Die Schaffung organisatorischer Rahmenbedingungen sowie die Vernetzung von Entscheidungsprozessen sind Voraussetzung für die Etablierung smarter Technologien auf dem heimischen Markt:** Um technologische Lösungsansätze zu entwickeln, sollte nicht von einer eindeutigen Differenzierung von Gesellschaft, Wirtschaft und Politik ausgegangen werden. Vielmehr sollte ein urbanes Steuerungsverständnis (im Sinne von governance statt government) angepasst werden, bei dem smarte technologische Innovationen das Ergebnis problemorientierter und interaktiver Prozesse zwischen allen Beteiligten sind. Dabei ist ein gemeinsamer Entscheidungsprozess ausschlaggebend, in dem die öffentlichen und privaten Investoren aus den beteiligten Industrien und den (Stadt-)Verwaltungen eingebunden werden. Eine „klassische" Deregulierung im Sinne eines Bürokratieabbaus ist genauso wichtig wie die Förderung eines besseren Zusammenspiels der wirtschaftlichen und politischen Akteure.

   Dies gewährleistet eine höhere Akzeptanz solcher Innovationen in der Stadt/Region und verbessert gleichzeitig die Wertschöpfungsketten, je mehr wirtschaftliche Unternehmen beteiligt sind. Gelingt es dabei, wirtschaftliche Cluster zu generieren, entstehen wichtige Synergien und Spill-Overs, die die daraus resultierenden technologischen Innovationen (Produkte, Verfahren) besonders wettbewerbsfähig machen.

2. **Deutsche Leitanbieterschaft ist auf international anerkannte Normen und Technikstandards angewiesen:** Interoperabilität für Smart Cities ist eine wichtige Voraussetzung für die Planungssicherheit von Exporten. Leitanbieter der Architektur bzw. städtischen Planung von Smart Cities kann Deutschland nur dann werden, wenn die Exportstrategie durch eine offensive, von Partikularinteressen unbeeinflusste Normungsstrategie flankiert wird. Es ist für Deutschland somit unerlässlich, sich maßgebend in die europäische und vor allem internationale Standardisierung einzubringen. Für die Implementierung und Verbreitung der Ergebnisse der deutschen Normung sind internationale Kooperationen zu bilden.

3. **Modellprojekte und Referenzstädte sind unentbehrlich sowohl für die heimische Nachfrage als auch den Export smarter Technologien:** Für die Planung neuer Städte im außereuropäischen Ausland ist es wichtig, konkrete Erfahrungen in Smart City-Projekten zunächst in Deutschland, aber auch punktuell im Ausland zu sammeln. So könnten größere Projekte und Testplattformen, wie zum Beispiel das im acatech-Projekt GRIP-IT beabsichtigte Living Lab in Bangalore/Indien, Know-how und Referenzen für den Export von Smart City Systemen bereitstellen. Eine Vernetzung der verschiedenen existierenden Modellprojekte für smarte Städte bzw. Stadtteile oder Regionen ist in diesem Zusammenhang ein wichtiger Ansatzpunkt.

4. **Forschungsförderung und Wettbewerb liefern Anreize für den Aufbau von Smart Cities:** Die gezielte Förderung von Smart City-Technologien muss vor allem Systemintegrationsmethoden unterstützen, um die interdisziplinäre Dimension von Smart Cities zu erfassen. Als Grundlage muss zunächst der Qualifizierungs- und Forschungsbedarf ermittelt werden. Wettbewerbsanreize unter den Städten um gezielte Projektförderung sind dabei eine Möglichkeit, um die effektive Nutzung der Mittel zu garantieren.

1 EINLEITUNG

Die Stadt der Zukunft steht vor enormen Herausforderungen: Energieknappheit, Wasserversorgungsmangel, Umweltverschmutzung, demographische Veränderungen und logistische Engpässe. Viele urbane Infrastrukturen sind bereits heute überlastet. Politik, Wissenschaft und Verwaltung stehen vor der Aufgabe, auf der Basis demokratischer Entscheidungsprozesse adäquate Lösungen bereit zu stellen.

Moderne Städte sind auf intelligente Technologien angewiesen. Smarte Technologien können innovative Lösungen für aktuelle und zukünftige Herausforderungen von Städten und Kommunen in verschiedenen Lebens- und Arbeitsbereichen bieten. Aus technologischer Perspektive ist eine Smart City intelligent, integriert und vernetzt. Für alle drei Attribute stehen entsprechende Technologien zur Unterstützung von Entscheidungen, zur Steuerung von Informationsflüssen und Bewertung komplexer Situationen zur Verfügung. Der Begriff Smart City steht somit für eine komplexere Betrachtungsweise, so dass mehrere Bereiche städtischer Entwicklung berücksichtigt werden:

- wissensintensive und wettbewerbsfähige wirtschaftliche Aktivitäten
- ressourcenschonende und umweltverträgliche Mobilitätsformen
- gesunde Umweltbedingungen bei möglichst geringen Umweltbelastungen
- bildungsorientierte und offene städtische Bevölkerung
- sozial ausgewogene und attraktive Lebensqualität sowie
- transparente und partizipative Steuerungsansätze

Von diesem Verständnis ausgehend wird klar, dass technologisch smarte Lösungen (intelligent, integriert und vernetzt) in verschiedenen Bereichen der Stadtentwicklung gefragt sind und eingesetzt werden können. Dies bedeutet, smarte technologische Lösungen sollten im Sinne nachhaltiger Entwicklung

- auf städtische Problem- und Interessenslagen abgestimmt sein
- aus vorhandenen Kompetenzen gezielt forciert werden und nicht von außen unreflektiert übernommen werden und
- bestehende stadtbezogene Assets (Kompetenzen, Know-How, wettbewerbsfähige Schwerpunktaktivitäten) in Zusammenarbeit gesellschaftlicher, wirtschaftlicher und politischer Kräfte effektiv (auf Basis von weitestgehend akzeptierten Leitvorstellungen) weiterentwickelt werden.

Generell ist die (Weiter-)Entwicklung einer Smart City als kontinuierlicher Prozess anzusehen, in dem fortwährend neue Lösungen gemeinsam mit Wirtschaft, Verwaltung und Politik entwickelt und als Angebote an die Bürger und Unternehmen einer Stadt umgesetzt werden. Dabei geht es sowohl um neuartige Primärlösungen - typischerweise interdisziplinäre Integrationslösungen, oftmals mit IKT-Unterstützung - als auch um Sekundärlösungen zur Effizienzsteigerung bestehender Infrastrukturen durch IKT bis hin zur flächendeckenden „Ambient Intelligence" in umfassenden Sensornetzen. So können relativ statische Infrastrukturen dynamisiert werden, was neue Lösungsmöglichkeiten eröffnet.

Die Abgrenzung des Begriffs „Stadt" kann nicht durch administrative Grenzen erfolgen: Es muss vielmehr von den zu bewältigenden konkreten Problemen und Herausforderungen ausgegangen werden. Konzepte von Smart Cities sollten sich in ihrer Zielsetzung auf die Strukturplanungen der Stadt fokussieren und die umliegende Region insofern einbeziehen, als es die Probleme erfordern. Die jeweiligen Probleme und Herausforderungen variieren je nach Standortbedingungen und soziokulturellem Kontext; daher gibt es weltweit auch viele unterschiedliche Formen von Smart Cities. In deutschen Ballungsräumen kann als Ziel die Allokation städtischer Ressourcen nach dem Grundsatz der

Nachhaltigkeit und des Klimaschutzes identifiziert werden: Intelligente Technologien können dies durch eine zunehmend automatisierte, integrierte und optimierte Nutzung der Ressourcen und Infrastrukturen ermöglichen. Aber auch die Erhöhung der Arbeits- und Lebensqualität und damit der Attraktivität der Stadt können durch flexibilisierte Angebote bei gleichzeitiger Verbesserung der Kostenstruktur erreicht werden. Beispiele dafür sind die Ansätze der „Ambient Intelligence", die vor allem für die Bau- und Gesundheitswirtschaft im Rahmen von „Ambient Assisted Living" europaweit vorangetrieben wurden.

Diese acatech Publikation befasst sich im Folgenden mit dem Themenkomplex Smart City aus technologie-politischer Sicht. Zunächst werden in Punkt 2 die **Rahmenbedingungen** für Smart Cities erörtert. Vor diesem Hintergrund werden anschließend in Punkt 3 die relevanten **Handlungsfelder** aufgezeigt. Im letzten Teil werden konkrete **Handlungsempfehlungen** von der Themengruppe vorgeschlagen. Ziel ist es, einen Ansatz für die strategische Vorausschau und Planung des politischen Handelns zu bieten.

Für den Standort Deutschland ist sowohl der Bedarf als auch der Export smarter Lösungen von besonderem Interesse. Deutschland ist als Hightech-Land und Exportnation dazu prädestiniert, sich als Leitanbieter in diesem anwachsenden Innovationsfeld zu etablieren und die Wertschöpfungspotentiale zu nutzen. Hier ist es wichtig, die Notwendigkeiten, Möglichkeiten und Angebote zur Systemintegration als einen wesentlichen Wettbewerbsvorteil zu verstehen.

Smart City Lösungen sind nur branchenübergreifend realisierbar; ein solcher systemischer Ansatz könnte insbesondere von deutschen Konsortien angeboten werden. Bei der Leitanbieter-Diskussion sollte der Leitmarkt nicht übersehen werden. Es wird keine Technologiedurchsetzung ohne adäquate, staatliche Rahmenbedingungen geben. Nicht nur die Integrationstechnologien selbst, sondern auch die Entscheidungs- und Implementierungsprozesse sind für das komplexe System „Stadt" von großer Bedeutung. Daher ist auch der deutsche Markt für Smart Cities als Erfahrungs- und Referenzquelle für den Export wichtig; Modellstädte, -stadtteile und -regionen sind als Erprobungsfeld und Nachweis aufzubauen.

2 RAHMENBEDINGUNGEN

Weltweit gewinnt die Urbanisierung immer mehr an Bedeutung. Die Zahl der Menschen, die in Städten leben, wächst rapide: Seit 2007 wohnen erstmals mehr Menschen in Ballungsräumen als in ländlichen Regionen und verbrauchen hierbei 75 % der global erzeugten Energie.

Die Vereinten Nationen schätzen, dass im Jahr 2030 knapp 60 % aller Menschen in Städten leben werden. Im Jahr 1900 waren es nur 13 %. Dabei nimmt der Urbanisierungsgrad nicht nur in den Industrienationen (80 % bis zum Jahr 2030), sondern vor allem in den Entwicklungsländern (55 % bis zum Jahr 2030) zu (UNDESA 2010). Insbesondere die chinesischen und indischen Metropolen müssen mit einem rasanten Bevölkerungs- und damit auch Flächenwachstum rechnen. Dabei entstehen neue Ballungsräume wie z. B. das chinesische Pearl River Delta, eine riesige Verstädterungszone, die sich über 150 Kilometer von Hongkong über Shenzhen bis nach Guangzhou erstreckt. In den nächsten vier Jahrzehnten werden sowohl in China (Siemens 2010) als auch in Indien jeweils 500 Millionen Menschen (Financial Times 2009) in die Städte ziehen. Um den riesigen Bedarf an Wohnraum zu decken, muss Indien allein künftig 500 neue Städte bauen (Financial Times 2009). Bevölkerungswachstum und Urbanisierung stellen hohe Anforderungen an Systeme wie Verkehr, Gesundheitswesen, Energieversorgung, Bildung und öffentliche Sicherheit sowie Wohnraumangebote und Freiraumgestaltung.

Im Zuge der Globalisierung stellt diese Entwicklung Politik, Wissenschaft und Wirtschaft vor große Herausforderungen. Städte in den Entwicklungs- und Schwellenländern verkraften den globalen Urbanisierungstrend immer schlechter. Unkontrolliertes Städtewachstum gefährdet darüber hinaus das Ökosystem und damit die Lebensgrundlage der Stadtbevölkerung. Der aktuelle UN-Städte-Bericht stellt fest, dass rund ein Drittel der globalen Stadtbevölkerung – etwa eine Milliarde Menschen – in Slums und anderen prekären Stadtgebieten lebt (State Of The World´s Cities 2010/11).

Aber auch wohlhabende Großstädte in Amerika, Europa und Asien sind auf die Herausforderungen der Zukunft schlecht vorbereitet. Die veraltete Infrastruktur ist oft überfordert: In London versickert ein Drittel des Trinkwassers in den teils 150 Jahre alten und undichten Wasserleitungen, in deutschen Städten sind es bis zu 40 Prozent. Verkehrschaos, Gasexplosionen und Wasserrohrbrüche, aber auch überlastete Schulen, ungenügende Gesundheitsversorgung und Kriminalität sind in vielen westlichen Großstädten an der Tagesordnung. Nach einer Studie der Deutsche Bank Research müssten bis 2030 weltweit 40.000 Mrd. Dollar in die städtischen Infrastrukturen investiert werden, um Sicherheitsrisiken vorzubeugen.

Die Urbanisierung geht aber auch mit Chancen für die Bevölkerung einher. Großstädte und Ballungsräume können Güter sowie Dienstleistungen zu vergleichsweise geringen Pro-Kopf-Kosten effizient bereitstellen, bieten daher gute Rahmenbedingungen für Wachstum und Produktivität und tragen somit zur Verbesserung der Lebensbedingungen bei. Es geht dabei nicht nur um die Senkung von Kosten, sondern auch um eine nachhaltige Erhöhung der Lebens- und Arbeitsqualität im urbanen Raum. Denn Städte stehen im Wettbewerb um Unternehmen, Investitionen und letztendlich auch um Bürger. Nur ein innovativer Wettbewerbsstandort „Stadt" – eine Smart City – ist in der Lage, qualifizierten Nachwuchs anzuwerben, zu halten und neuen Unternehmen eine flexible öffentliche Verwaltung zu bieten. Eine wettbewerbsorientierte und für die Zukunft nachhaltige Stadtentwicklung erfordert daher den Einsatz von intelligenter Infrastruktur.

Smart-City-Projekte umfassen alle Aspekte des urbanen Lebens. Für die Planung neuer Städte, sogenannter Green Fields oder **Städte mit Hyperwachstum**, kommt es in erster Linie auf ökologische Nachhaltigkeit durch erneuerbare Energien, effiziente Architekturen und intelligente Verkehrswege an. Dabei gilt es auch, die klimatischen Bedingungen zu berücksichtigen. Die Planstadt Masdar City in den Vereinigten Arabischen Emiraten ist das aktuellste Beispiel einer modernen „Ökostadt", die sich durch schattenspendende Bauweise auszeichnet und emissionslos sowie durch konsequentes Recycling nahezu abfallfrei sein wird. Die Etablierung smarter Technologien (v.a. von Primärlösungen) in Wachstumsstädten mag zwar spektakulär und relativ leicht durchsetzbar sein, die Notwendigkeit zur Sanierung und Verbesserung bestehender Systeme sowie auch die Marktpotentiale sind allerdings in bestehenden Städten deutlich größer. Erstens gibt es heute auch eine Vielzahl an schrumpfenden (großen) Städten und zweitens sind wachsende Stadtteile marginale Phänomene in der Gesamtmenge verstädterter Räume und Bevölkerungsgruppen.

Daher gestaltet sich die Innovation bereits bestehender Infrastrukturen in den sogenannten **stagnierenden Städten und Regionen** komplexer. Ein Umbau städtischer Infrastrukturen scheint hinsichtlich der Kosten und Zeit schwierig. Mithilfe der jüngsten technologischen Fortschritte ist man jedoch imstande, historisch gewachsene Infrastrukturen intelligent umzugestalten. Informations- und Kommunikationstechnologien (IKT) können als Sekundärlösungen die Abläufe von Dienstleistungen effizienter gestalten und gleichzeitig die Lebensqualität deutlich erhöhen. Es geht um die Digitalisierung und Vernetzung der Systeme, so dass Daten überhaupt verfügbar werden. Daraufhin werden diese analysiert und integriert, um so auf den jeweiligen Bedarf reagieren zu können. Die weitgehend statischen Stadtinfrastrukturen werden durch Sensorik, Vernetzung und Mobilkommunikation beobachtbar, bewertbar und optimierbar. Wichtig hierbei ist der Hinweis auf die verschiedenen **Handlungsfelder**, da jede Stadt sich durch eine sehr spezifische Kombination von sozio-ökonomischen, ökologischen und geographischen Verhältnissen auszeichnet. Wenn sich Städte durch unterschiedliche Stadtprofile und Trends auszeichnen, dann besteht auch unterschiedlicher Handlungsbedarf, der sich allein durch die Kennzeichen ‚Wachstum' und ‚Schrumpfung' noch nicht festmachen lässt. Smartness sollte daher auch bedeuten, intelligente, integrierte und vernetzte Lösungen möglichst genau auf den Handlungsbedarf jeder einzelnen Stadt abzustimmen.

Für den Wirtschaftsstandort Deutschland ist das Thema Smart City aus zwei Gründen relevant: zum einen als **Leitmarkt** und zum anderen als **Leitanbieter** für Smart City-Technologien und Know-how. Zwar wird sich die Bundesrepublik kurzfristig kaum zu einem Leitmarkt entwickeln, dennoch besteht langfristig Nachfrage nach smarten Infrastrukturen, um den drängenden Herausforderungen wie Verkehr, Energieeffizienz und Klimaschutz gerecht werden zu können. Ebenso stellt die Senkung des Energie- und Wasserverlusts in den Strom- und Leitungsnetzen vor dem Hintergrund der zunehmenden Einspeisung fluktuierender, erneuerbarer Energien eine große Herausforderung dar – dies gilt für ganz Europa. Die notwendigen Investitionen in Verkehr, Energie, Wasser und Umwelt in Deutschland beziffert eine Booz-Studie auf 400 Mrd. Euro bis zum Jahr 2030 (Booz Allen Hamilton Analyse 2007). Einen Großteil der Kosten nehmen dabei der Aus- und Neubau von Verkehrswegen mit 150 Mrd. Euro ein.

3 HANDLUNGSFELDER

Die Rahmenbedingungen geben das Spektrum der Handlungsfelder vor, in denen konkrete Lösungen ansetzen können. Bei der Planung von Smart Cities wurde bereits auf folgende Unterscheidung aufmerksam gemacht: Städte mit Hyperwachstum können von Grund auf als Smart City geplant und umgesetzt werden. Diese Green Fields finden sich hauptsächlich in Entwicklungs- und Schwellenländern wieder; hier werden in Zukunft noch vermehrt Städte mit Hyperwachstum entstehen. Im Gegensatz dazu bilden in Deutschland, Europa und anderen Industrienationen stagnierende Städte und Regionen die Grundlage für Smart City Projekte. Dabei sind grundsätzlich die individuellen Bedürfnisse der jeweiligen Stadt sowie bereits vorhandene infrastrukturelle Voraussetzungen zu berücksichtigen, wenn Smart Cities entstehen sollen.

Es können jedoch auch allgemeine Handlungsfelder für Smart Cities identifiziert werden. Diese ergeben sich einerseits aus allgemeinen **Themenbereichen** wie Mobilität oder Energie; andererseits bestimmen sie sich über den **Bedarf**.

In Bezug auf die **Themenbereiche** können folgende Schwerpunkte identifiziert werden, die für Deutschland sowohl als Leitmarkt als auch als Leitanbieter relevant sind:

- *Demographie:* Eine Smart City ist auf die Berücksichtigung der Bevölkerungsentwicklung angewiesen. Wie viel Zuzug bzw. Wegzug gibt es? Welche Ethnien leben in der Stadt? Welche Altersgruppen sind vertreten? Wie kann man die Bürger und die Wirtschaft im Sinne einer Corporate Governance in Ideenfindungs-, Entscheidungs- und Umsetzungsprozesse (Open-Governance-Prozesse) einbeziehen?
- *Mobilität:* Die Mobilität der Zukunft ist auf proaktive Steuerung angewiesen: Im Bereich Mobilität können alle Infrastrukturen (z. B. Transportmittel, Straßen oder Gebäude) intelligent vernetzt werden, indem (mikroelektronische) Sensoren es ermöglichen, den Status bestimmter Objekte und Trends von Objektgruppen zu diagnostizieren. Durch das „Internet der Dinge" werden die Objekte so vernetzt, dass ein Informationsaustausch zwischen ihnen und über sie möglich wird. So gibt es zum Beispiel neue Verkehrskonzepte im innerständischen Verkehr, indem bestehende Transportwege und -mittel (z. B. KFZ- und Schienenverkehr) zu einem multimodalen System für neue Transportlösungen vernetzt werden. Kostengünstigere, sichere und umweltschonende Möglichkeiten ergeben sich dadurch für den Personen- und Güterverkehr. Gewinnen Elektroautos in Städten bedeutende Marktanteile, werden Kenntnisse über deren Ladebedürfnisse und Speicherverfügbarkeit unabdingbar für das Lastmanagement im lokalen Stromnetz. Allerdings ist eine pulsierende Stadt weiterhin auf funktionsfähige Straßen- und Schienenwege angewiesen, die dem Transportaufkommen und -bedürfnissen von Wirtschaft und Bürgern in der Stadt entsprechen. Erst wenn diese Grundvoraussetzungen gegeben sind, können Netzlösungen bestehende Hemmschwellen beseitigen.
- *Energie:* Die Integration und Vernetzung von konventionellen und alternativen, überregionalen und regionalen Energiequellen verändern das Energieversorgungssystem. Der zunehmende Einsatz dezentraler erneuerbarer und fluktuierender Energien macht eine stärkere Abstimmung zwischen Erzeugung, Verteilung, Speicherung und Verbrauch über IKT notwendig. In einem Smart Grid können in Echtzeit Informationen über den Verbrauch (Smart Meter), Netz- und Speicherzustände genutzt werden, um diese über Markt- und Steuersignale an die Erzeugungs- und Lastsituationen anzupassen. Ähnliches gilt zukünftig auch für den Wasser-, Gas- und Wärmeverbrauch.
- *Umwelt:* Die Ursachen des Klimawandels konzentrieren sich stark in den Städten. Klimaschutzmaßnahmen entfalten daher in den Städten ihre größte Wirkung. Durch energieeffiziente und klimaangepasste Lösungen sind

die Metropolen der Welt in der Lage, den Weg hin zu einer CO2-neutralen Gesellschaft zu ebnen. Dies erfordert unter anderem intelligente Netztechniken (smart grids) und die Bereitstellung großer Energie- und Stromspeicherkapazitäten. Nur durch flexibles Management der Stromversorgungsnetze und ein differenziertes Angebot unterschiedlichster Speichertechnologien kann das Potenzial der volatilen, erneuerbaren Energiequellen – insbesondere Wind und Sonne – voll ausgeschöpft werden.

Die Steigerung der Energieeffizienz im Gebäudebereich ist das wesentliche Element der Städte: Durch energetische Modernisierung des Wohn- und Gewerbebestandes und verstärkte Nutzung der Sonnen- und Umweltwärme ergibt sich ein Einsparpotenzial, das über der derzeitigen Nutzung erneuerbarer Energiequellen liegt. In Bezug auf den Verkehr müssen die negativen Folgen des steigenden Automobilaufkommens in den Städten bedacht werden. Durch intelligente Vernetzung der Verkehrsangebote in Smart Cities wäre es hier möglich, das Mobilitätsverhalten der Bürger aktiver zu steuern.

Jedoch bleibt festzustellen, dass eine reine Orientierung an aktiven Klimaschutzmaßnahmen heute nicht mehr ausreicht. Die zu erwartende Erhöhung der Weltmitteltemperatur führt zu der Notwendigkeit, dass sich Städte auf klimatische Veränderungen und häufigeres Auftreten von Wetterextremen einstellen und dementsprechend Maßnahmen ergreifen müssen.

— *Sicherheit:* Sicherheit der Bürger, Sicherheit der Informationsnetze sowie Sicherheit der Infrastrukturen und des öffentlichen Lebens – das sind große Herausforderungen für die Stadt der Zukunft. Sensornetze und ortsabhängige Dienste (location based services) bieten die Chance, die Überwachung und Steuerung der verschiedenartigen Ströme in einer Stadt (bspw. Verkehr) sicher zu handhaben. So erhöhen neue Ansätze für die Lenkung von Besucherströmen und die Zusammenarbeit von Sicherheitseinrichtungen die Effektivität der Sicherheitsmaßnahmen. In Kombination mit szenarioübergreifenden Querschnittsthemen, wie beispielsweise „Rettungskräfte der Zukunft" oder „universale Detektorsysteme", bilden sie einen Ansatz zukünftiger Sicherheitssysteme. Die deutsche Exportindustrie hat die Chance, im internationalen Wettbewerb Kompetenzen und Know-how zu entwickeln, um Sicherheitsprodukte und -technologien auf den Markt zu bringen.

— *Kommunikation:* Zukünftig wird die Informations- und Kommunikationstechnologie (IKT) immer stärker eine prägende und gestaltende Rolle in Wertschöpfungsprozessen spielen. Es geht um die Digitalisierung und Vernetzung unserer Systeme, sodass Daten gesammelt, analysiert, integriert und zu Mehrwert-Informationen aggregiert werden, um auf den Bedarf der Städte und ihrer Stadtteile reagieren zu können. Intelligente Netze optimieren Produkte, Systeme und Dienstleistungen und ermöglichen regionale Kommunikations- und Interaktionsplattformen bis hinunter auf Stadtteilebene. Die Querschnittstechnologie IKT beschleunigt damit sämtliche Zukunftsentwicklungen. Grundlegende Weiterentwicklungen zum Internet der nächsten Generation sichern eine leistungsfähige Basisinfrastruktur für alle Anwendungen und Dienste, die bereits heute schon die Grundlage für ganze Wirtschaftszweige bilden. Intelligente, selbstheilende Netze und Informationssysteme werden in Zukunft Ausfälle und sicherheitskritische Angriffe erkennen und selbstständig Gegenmaßnahmen ergreifen.

— *Gesundheit:* Aufgrund der demographischen Entwicklung und der somit steigenden Nachfrage nach qualitativ hochwertigen Gesundheitsleistungen wird dem Bereich Gesundheit in Zukunft stärkere Bedeutung zukommen. Es wird einen Wandel hin zu mehr Prävention in allen Versorgungsprozessen stattfinden, um Erkrankungen vorab und unnötige Behandlungen zu vermeiden. Integrierte und personalisierte Versorgungskonzepte werden an die Stelle der heute stark fragmentierten Versorgung treten. Innovative Technologien, wie zum Beispiel prozessunterstützende IKT und moleku-

Handlungsfelder

lare Medizin, werden die Effizienz der Versorgung steigern. Neue technische und organisatorische Strukturen werden die nahtlose, integrierte und individualisierte Patientenversorgung bei Prävention, Diagnose, Therapie und Pflege erleichtern.

– *Verwaltung:* Unter dem Stichwort „E-Government" versteht man die vereinfachte und direkte Durchführung von Prozessen zur Information, Kommunikation und Transaktion zwischen staatlichen Institutionen, den Bürgern und Unternehmen mithilfe des Einsatzes der IKT. Dies ist besonders für die EU mit ihren 495 Millionen Bürgern in 27 Mitgliedsstaaten von entscheidender Bedeutung. Der technische Fortschritt insbesondere durch das Internet ermöglicht neue Kommunikations- und Interaktionswege. Administrative Prozesse werden durch diese Möglichkeiten vereinfacht und automatisiert, so dass mehr Kapazitäten für Sonderfälle zur Verfügung stehen. Gleichzeitig wird die Transparenz der Behörden erhöht, da einzelne Bearbeitungsschritte oder Informationswege für den Bürger besser erkennbar werden. Korruption wird dadurch erschwert. Um die Stadt als Dienstleister für die Verwaltungsanforderungen der Zukunft zu rüsten, wird es jedoch notwendig sein, ein E-Governement der nächsten Generation zu entwickeln, das aktive und bereichsübergreifende Verwaltungslösungen bereit stellt.

– *Bildung:* Alle Bildungseinrichtungen in einer Stadt können durch intelligente Vernetzung zu Bildungsplattformen zusammengeschlossen werden. Auch andere zivilgesellschaftliche Akteure können eingebunden werden. Durch die entstehende Transparenz an Bildungsangeboten wird eine stärkere Integration von Lernorten außerhalb der Schule möglich. Jedoch ist die Vernetzung innerhalb der Bildungseinrichtungen noch nicht zufriedenstellend ausgestaltet; hier gibt es noch viele Verbesserungsmöglichkeiten und Integrationspotential.

– *Marktplatz Stadt:* Eine Smart City sollte ein attraktiver Handels-, Gewerbe und Dienstleistungsplatz sein. Voraussetzungen sind die Verbindung von Arbeits-, Wohn- und Freizeitwelt. Ein Blick in die neuen High-Tech-Öko-Städte, wie Dongtan, New Songdo und Lingang New City verrät, dass hier eine enge Verbindung von Arbeits-, Wohn- und Freizeitwelt erfolgt. Es gibt viele Frei- und Grünflächen innerhalb und außerhalb der Gebäude. Mit dem Projekt „Duisburger Freiheit" wird das beispielgebend auch in Deutschland umgesetzt.

Die Integration aller skizzierten Handlungsfelder zu einem Gesamtkonzept konstituiert erst eine Smart City. Die Informationssysteme und Lösungen der einzelnen Felder korrespondieren miteinander und sind notwendigerweise in einem Informations- und Kommunikationsverbund zu vernetzen und zu kombinieren.

Aufgrund der Breite der Handlungsfelder ist es notwendig, eine Priorisierung und Fokussierung des Handlungsbedarfs für eine kohärente Exportstrategie vorzunehmen. Für eine solche Strategie sind zwei Dimensionen zu unterscheiden: Erstens muss der **technische Bedarf** gemeinsam mit Bürgern, Wirtschaft, Verwaltung und Politik diskutiert und das Handlungsfeld abgesteckt werden. Zweitens muss der **Bedarf an Regulierung** bestimmt werden, da Städte komplexe Systeme mit komplexen Entscheidungsstrukturen und Umsetzungsprozessen sind.

In Bezug auf den technischen Bedarf bleibt festzuhalten, dass es bestimmter technologischer Voraussetzungen bedarf, um durch einen Rückgriff auf intelligente Technologien die unterschiedlichen Bereiche einer Stadt smart zu gestalten. Nachfolgend sollen die wesentlichen Schlüsseltechnologien mit dem jeweiligen Bedarf identifiziert werden:

– *Breitband als bereichsübergreifende Basistechnologie:* Grundlage für Smart Cities ist eine hochwertige Breitbandkommunikation. Zwar kann eine Stadt auch ohne Breitbandtechnologie smarter werden, allerdings nur in bestimmten Bereichen. Es ist daher wichtig, dass Haushalte und Einrichtungen mit ihren Infrastrukturen an entsprechende Hochleistungsnetzwerke angeschlossen werden. Laut des ePerformance Reports 2009 vom BMWi ist Deutschland im Bereich „Breitbandanschlüsse" im europäischen Vergleich einerseits überdurchschnittlich positioniert, weißt jedoch andererseits Nachholbedarf bei Breitbandanschlüssen in privaten Haushalten auf. Um die noch „weißen Flecken" zügig ans schnelle Datennetz zu bringen, hat die Bundesregierung erst kürzlich die Breitbandinitiative 2009 verabschiedet. Darin ist vorgesehen, bis spätestens Ende 2010 die bislang nicht versorgten Gebiete mit Breitbandanschlüssen mit Übertragungsraten von mindestens 2MBit/s abzudecken. Zudem soll bis zum Jahr 2014 für drei Viertel der Haushalte und möglichst bald danach für alle Haushalte Internetzugang mit Übertragungsraten von mindestens 50MBit/s zur Verfügung stehen. Jedoch bleibt festzustellen, dass Deutschland einen Rückstand gegenüber Ländern wie vor allem Japan aufweist, wo 36% der Haushalte mit Internet von mindestens 100MBit/s Übertragungsraten ausgestattet sind. Hier gibt es in Deutschland noch Handlungsbedarf.

— *Intelligente Verteilungsnetze als Basis für Smart Cities:* Smart Cities benötigen innovative Konzepte für aktive Verteilungsnetze. Trotz zunehmend volatiler Energiequellen insbesondere der erneuerbaren Energieträger muss eine zuverlässige Stromverteilung und -Versorgung garantiert werden. Weitere Herausforderungen werden Gesamtsysteme für zentrale und dezentrale Erzeuger sowie die Zustandserkennung und die aktive Netzsteuerung sein. Aber auch Schutzstrategien und -technologien werden zunehmend an Bedeutung gewinnen. Insgesamt ist eine Reihe von technischen Innovationen in Verteilungsnetzen notwendig, wie zum Beispiel in der Leistungselektronik.

— *Moderne Sensornetze:* Einen entscheidenden Beitrag zur Intelligenz in den Verteilungsnetzen leisten auch die Sensornetze, die damit eine große Bedeutung für Smart Cities erlangen. In einem Sensornetz sind verschiedenste Sensoren und Geräte über Machine-to-Machine (M2M) Kommunikation mit Rechnernetzen verbunden. Die Anbindung kann sowohl drahtlos, über die existierenden Mobilfunknetze, wie auch über die Festnetzinfrastruktur, und sogar über die Niederspannungs-Stromleitungen (Power Line Communication) erfolgen. Sensornetze finden vielfältige Anwendungen in den Bereichen Energie, Logistik, Verkehrstechnik und Verwaltung. Das Grundproblem von Sensornetzen und der M2M-Thematik ist die fehlende Kompatibilität zwischen den Applikationen.

— *City Data Cloud:* Cloud Computing steht für einen Pool aus abstrahierter, hochskalierbarer und verwalteter IT-Infrastruktur. Da eine städtische Regulierung enorme IT-Infrastrukturen benötigt, ist sie prädestiniert für Clouds. Hier können sowohl die Post, das Verkehrsmanagement, der Tourismus, die Energieversorgung, der öffentliche Dienst und die Müllabfuhr integriert werden. Zurzeit realisiert Japan eine nationale Cloud, in die die gesamte staatliche IT-Infrastruktur verlagert werden soll. Auch die Vereinigten Staaten arbeiten an City Data Clouds, während in Europa trotz der Verordnung zu Public Sector Information noch Nachholbedarf besteht. Ein weiterer Bedarf ist in der Integration von staatlichen und unternehmerischen Informationen in einer Stadt gegeben.

— *Systemintegration:* Aufgrund der engen Wechselwirkungen der Systeme untereinander ist die Integration der Bereiche einer Smart City einer der wesentlichen Punkte. Die Systemintegration zielt letztlich auf eine Integration aller städtischen Infrastrukturen mittels IKT zu kombinierten und vereinheitlichten Lösungen, die maßgeschneidert auf die Problemzusammenhänge und Herausforderungen der jeweiligen Stadt ausgerichtet sind. Deutschland hat traditionsgemäß Erfahrung und Reputation in der „Klebstoffentwicklung" für die Systemintegration. Diese Grundlage sollte für eine branchenübergreifende Initiative genutzt werden, innovative und maßgeschneiderte Lösungen der Systemintegration anzubieten. Ziel ist es hier, international marktführend zu werden.

Der **regulatorische Bedarf** darf bei diesem Thema nicht vernachlässigt werden. Gerade die herausragende Stellung der Systemintegration zeigt, dass alle Bemühungen, eine Stadt smarter zu gestalten, von den Rahmenbedingungen abhängig sind. Gerade stagnierende Städte sind auf entsprechende Verwaltungsreformen angewiesen, um eine Integration der verschiedenen Bereiche möglich zu machen. Dabei geht es nicht um eine Zentralisierung, sondern um dezentrale, aber vereinheitlichte und integrierte Steuerungssysteme, die die verschiedenen Aspekte des urbanen Lebens einbeziehen. An dieser Stelle sollen einige wesentliche Aspekte und konkrete regulatorische Notwendigkeiten angesprochen werden:

— *Standardisierung:* Da unterschiedliche nationale und regionale Standards den Weltmarkt für Smart Cities behindern, sind Normen in diesem Bereich vor allem auch für die Exportnation Deutschland von großer Bedeutung. Für jede Art von einheitlicher IKT-Anbindung der verschiedenen Infrastrukturen besteht ein Handlungsbedarf bei gesetzlichen Regelungen und technischen Standards. Eine internationale Harmonisierung kann durch die verschiedenen Normungsorganisationen erreicht werden: Europa steht dabei im Wettbewerb mit den USA und den asiatischen Ländern, insbesondere China. In wichtigen Technologiebereichen von Smart Cities existieren bereits viele international anerkannte IEC-Standards (IEC = International Electrotechnical Commission). So sind bereits fast 90 Prozent der europäischen Standards in der Elektrotechnik international harmonisiert. Auf diese bereits bestehenden Standards sollten die Akteure zurückgreifen. Hier bietet sich eine Zusammenarbeit mit anderen E-Energy-Projekten (und des E-Energy-Kompetenzzentrums des DKE), nicht zuletzt im Rahmen des acatech-Projekts „Future Energy Grid" an, dessen Erfolg ebenfalls stark von einer entsprechenden Standardisierung abhängt. Jedoch entstehen bei sehr vielen Smart City Anwendungen unterschiedliche Daten, die über Telekommunikationsnetze übertragen werden müssen, z. B. System-, Mess-, Topologie-, Betriebsmittel-, Zustands- oder Verbrauchsdaten. Für eine Prozessintegration und die Interoperabilität der jeweiligen Komponenten und Systeme ist eine weitergehende Standardisierung der Daten- und Informationsstrukturen und ihres Transfers, ihrer Ablage und gegebenenfalls Archivierung unerlässlich. Nicht zu vernachlässigen ist hier die Frage nach der Akzeptanz seitens der Nutzer angesichts von Datenschutz und Datensicherheit.

— *Datenschutzproblem:* Smart Cities sind auf die Erhebung von enormen Mengen an Daten angewiesen. Daher stellt sich für die politischen Entscheidungsträger die Frage nach Datensicherheit und Datenschutz. Für die Datensicherheit müssen Art und Tiefe der Verschlüsselung geregelt werden; für den Datenschutz die Eigentümerschaft von und die Zugangsrechte zu den Daten.

— *Regulierung und Deregulierung:* Im Zusammenhang mit neuen smarten Technologien und deren Implementierung befindet sich der Gesetzgeber in einem Spannungsfeld zwischen Liberalisierung und Regulierung. Einerseits gibt es viele Möglichkeiten der Liberalisierung der (v. a. öffentlichen) Märkte, um Innovationen und Investitionen auch in Bezug auf Smart City Technologien zu befördern. In allen Bereichen sind erhebliche Investitionen zu tätigen, die insbesondere in einem reguliertem Umfeld (z. B. Energie) ohne eine risikoadäquate kapitalmarktorientierte Rendite nicht realisiert werden können. Ein weiteres prägnantes Beispiel stellt die Bauwirtschaft dar, wo Smart City Innovationen durch restriktive Regelungen in der Raumordnung, Landesplanung sowie in der Baunutzungsverordnung (BauNVO) stark behindert werden. Andererseits stellen gerade Smart Cities die Politik vor die Notwendigkeit einer branchen- und ressortübergreifenden Zusammenarbeit unter Förderung von intelligenten Technologien. So müssen zum Beispiel aktuelle Verkehrsprobleme durch eine integrierte Verkehrspolitik unter Nutzung von intelligenten Technologien gelöst werden, die in geschlossenen Systemen friktionsloser implementiert werden können als unter Nutzung von Marktmechanismen. Gerade die Nutzung neuer Informations-, Kommunikations- und Leittechnologien im Verkehr (Verkehrstelematik) erfordert eine verstärkte Koordination und Kooperation der Verkehrsträger und -systeme. Es stellt sich hier die Frage nach einer Strategie der Integration im Rahmen eines dynamischen Wettbewerbs.

– *Lokale/Regionale Aufgabenverteilung:* Die strikte Aufgabentrennung zwischen Bund, Land und Stadt ist für die Implementierung von Smart City Lösungen ein großes Hindernis. Integrierte Lösungen betreffen alle Lebensbereiche einer Stadt und erfordern ein koordiniertes Vorgehen. Vor allem in Deutschland stellt die vertikale Machtverteilung in diesem Sinne eine Herausforderung dar. Es müssen Entscheidungsprozesse etabliert werden, in denen alle beteiligten öffentlichen Akteure wie auch private Investoren aus den zugehörigen Industrien eingebunden sind.

– *Entwicklung von Management-Strukturen für Smart Cities*: Management-Strukturen machen ein wichtiges Bedarfsfeld von Smart Cities aus. Aufgrund der Integration der Smart City Infrastrukturen und Dienste müssen generische Konzepte für Governance-Strukturen für die Städte entwickelt werden, die individuell parametrisierbar sind.

Die vielfältigen Handlungsfelder für Smart Cities können sich einerseits über die Themen und andererseits über die konkreten Bedarfssituationen bestimmen. Aufgrund der Vielfältigkeit der Aufgaben gilt es, Prioritäten für die politischen Handlungsmöglichkeiten zu setzen.

4 HANDLUNGSEMPFEHLUNGEN

Aufgrund der Vielfältigkeit der Aufgaben gilt es, Prioritäten für die politischen Handlungsmöglichkeiten zu setzen. Die Handlungsempfehlungen werden sich dabei auf die hoheitlichen Aufgaben staatlichen Handelns konzentrieren, die nicht vom Markt übernommen werden können.

Die Empfehlungen zielen dabei auf die Leitmarkt-/Leitanbieter-Diskussion ab. Ziel ist es, die Exportmöglichkeiten von Smart City-Technologien auszuschöpfen, ohne dabei den heimischen Markt zu vernachlässigen. Um Deutschland als Leitanbieter auf dem Weltmarkt zu positionieren, ist die Etablierung des heimischen Marktes (im besten Fall Leitmarkt) Voraussetzung dafür, dass entsprechende Technologien für alle Anwendungen entwickelt, standardisiert, integriert und erprobt werden können. Hier könnten Innovationen für stagnierende oder alternde Städte entwickelt werden, wobei vor allem die Optimierung vorhandener Infrastrukturen und Technologien durch Sekundärlösungen anvisiert würde.

Um diesen Prozess zu unterstützen, sollte staatliches Handeln die Technologieentwicklung fördern und Standardisierungsprozesse voranbringen. Dies bedeutet, organisatorische Rahmenbedingungen zur gezielten Förderung smarter Lösungen in Deutschland zu schaffen. Aufbauend auf den gewonnenen Erkenntnissen und Erfahrungen kann der Export von Forschungsergebnissen in andere Städte weltweit vorbereitet werden. Deutsche Modellprojekte und Referenzstädte sind eine gute Möglichkeit, das Know-how im Bereich der Systemintegration von Smart Cities zu vertiefen.

Für den Wirtschaftsstandort Deutschland bietet der Export von Smart City Technologien und Systemen für Green Fields und Städte mit Hyperwachstum großes Zukunftspotential. Die Städte dieser Regionen werden auf Grund der demographischen Entwicklung und der stark ansteigenden Landflucht außerordentlich schnell wachsen bzw. erst neu errichtet werden. Wie gezeigt, mag die Entwicklung smarter Technologien in Wachstumsstädten (v.a. von Primärlösungen) spektakulär und relativ leicht durchsetzbar sein, jedoch sind die Notwendigkeit zur Sanierung und Verbesserung bestehender Systeme sowie auch die Marktpotentiale in bestehenden Städten mindestens genauso hoch. Der Großteil an Städten besteht bereits. Smarte Entwicklungen im Bestand (Sekundärlösungen) stellen daher eine Herausforderung dar. Wichtig ist an dieser Stelle daher der Hinweis auf die verschiedenen Handlungsfelder, da jede Stadt sich durch eine sehr spezifische Kombination von sozio-ökonomischen, ökologischen und geographischen Verhältnissen auszeichnet. Wenn sich Städte durch sehr unterschiedliche Stadtprofile und Trends auszeichnen, dann besteht auch unterschiedlicher Handlungsbedarf. Smartness sollte daher auch bedeuten, intelligente, integrierte und vernetzte Lösungen möglichst genau auf den Handlungsbedarf jeder einzelnen Stadt abzustimmen.

Zentrale **Empfehlungen** an die Politik sind:

1. **Die Schaffung organisatorischer Rahmenbedingungen sowie die Vernetzung von Entscheidungsprozessen sind Voraussetzung für die Etablierung smarter Technologien auf dem heimischen Markt:** Um technologische Lösungsansätze zu entwickeln, sollte nicht von einer eindeutigen Differenzierung von Gesellschaft, Wirtschaft und Politik ausgegangen werden. Vielmehr sollte ein urbanes Steuerungsverständnis (im Sinne von governance statt government) angepasst werden, bei dem smarte technologische Innovationen das Ergebnis problemorientierter und interaktiver Prozesse zwischen allen Beteiligten sind. Derartige technologische Neuerungen werden insbesondere durch die Aktivierung kreativen Potentials und durch Transformation in stadtspezifische Assets gewährleistet. Gezielte programma-

tische Förderinstrumente (definiert auf Ebene der EU, national, regional) sollten dabei zielorientiert solche Entwicklungen unterstützen und forcieren. Durchgängige und individuell angepasste Konzepte sowie neue Geschäftsmodelle für Investoren stehen hier im Fokus. Dabei ist ein gemeinsamer Entscheidungsprozess ausschlaggebend, in dem die öffentlichen und privaten Investoren aus den beteiligten Industrien und den (Stadt-)Verwaltungen eingebunden werden.

Eine „klassische" Deregulierung im Sinne eines Bürokratieabbaus ist genauso wichtig wie die Förderung eines besseren Zusammenspiels der wirtschaftlichen und politischen Akteure. Technologisch innovative Lösungen sollten möglichst im Zusammenspiel verschiedener Akteure auf städtischer und regionaler Ebene entstehen. Dies gewährleistet einerseits eine höhere **Akzeptanz** solcher Innovationen in der Stadt/Region und verbessert gleichzeitig die Wertschöpfungsketten, je mehr wirtschaftliche Unternehmen dabei beteiligt sind. Gelingt es dabei, **wirtschaftliche Cluster** zu generieren, entstehen durch spezifische wirtschaftliche Milieus und entsprechende soziale Netzwerke wichtige Synergien und Spill-Overs, die die daraus resultierenden technologischen Innovationen (Produkte, Verfahren) besonders wettbewerbsfähig auf internationalen Märkten machen.

2. **Deutsche Leitanbieterschaft ist auf international anerkannte Normen und Technikstandards angewiesen:** Interoperabilität für Smart Cities ist eine wichtige Voraussetzung für die Planungssicherheit von Exporten. Leitanbieter der Architektur bzw. städtischen Planung von Smart Cities kann Deutschland nur dann werden, wenn die Exportstrategie durch eine offensive, von Partikularinteressen unbeeinflusste Normungsstrategie flankiert wird. Es ist für Deutschland somit unerlässlich, sich maßgebend in die europäische und vor allem internationale Standardisierung einzubringen. Für die Implementierung und Verbreitung der Ergebnisse der deutschen Normung sind internationale Kooperationen zu bilden.

3. **Modellprojekte und Referenzstädte sind unentbehrlich sowohl für die heimische Nachfrage als auch den Export smarter Technologien:** Für die Planung neuer Städte im außereuropäischen Ausland ist es wichtig, konkrete Erfahrungen in Smart City-Projekten zunächst in Deutschland, aber auch punktuell im Ausland zu sammeln. So könnten größere Projekte und Testplattformen, wie zum Beispiel das im acatech-Projekt GRIP-IT beabsichtigte Living Lab in Bangalore/Indien, Know-how und Referenzen für den Export von Smart City Systemen bereitstellen. Diese Referenzstädte können nach dem Vorbild Masdar City als Living Labs futuristisch auf einem Green Field geplant werden oder andererseits als „Steigbügelhalter" für eine Migrationsbeispielstadt dienen. Eine Vernetzung der verschiedenen existierenden Modellprojekte für smarte Städte bzw. Stadtteile oder Regionen ist in diesem Zusammenhang ein wichtiger Ansatzpunkt. Rahmenprogramme für die Technologie-Entwicklung fördern bereits verschiedene Modellprojekte. So soll zum Beispiel auf dem neuen Hauptstadt-Flughafen Berlin-Brandenburg International (BBI) durch das Zusammenspiel innovativer Informations- und Kommunikationstechnologien eine neue Sicherheitsqualität erreicht werden. Jedoch werden solche Projekte bisher ohne übergreifende Strategie verwirklicht.

4. **Forschungsförderung und Wettbewerb liefern Anreize für den Aufbau von Smart Cities:** Die gezielte Förderung von Smart City Technologien muss vor allem Systemintegrationsmethoden und -technologien unterstützen, um die interdisziplinäre Dimension von Smart Cities zu erfassen. Als Grundlage muss zunächst der

Handlungsempfehlungen

Qualifizierungs- und Forschungsbedarf ermittelt werden. Wettbewerbsanreize unter den Städten um gezielte Projektförderung sind dabei eine Möglichkeit, um die effektive Nutzung der Mittel zu garantieren.

Insgesamt wird sich eine Smart City-Strategie dadurch auszeichnen müssen, dass sie einen integrierten Ansatz zu den Schwerpunktthemen wählt. Branchen- und ressortübergreifende Überlegungen sind für die „Klebstoff"-Entwicklung für die Systemintegration wesentliche Voraussetzung. Ähnlich wie bei dem Projekt „Toll Collect" kann Deutschland international die Rolle eines Enablers für Smart Cities einnehmen. Aufgrund des enormen internationalen Marktpotentials bietet ein Exportschlager „Smart City - Made In Germany" Zukunftspotentiale und eine wichtige Perspektive für die Wertschöpfung in Deutschland.

Dies wird auch positive Rückwirkungen auf die Entwicklung von Smart Cities in Deutschland haben. Nicht nur Modellprojekte, sondern auch die Technikakzeptanz und ein systemischer Zugang zu Aus- und Weiterbildung werden eine wichtige Rolle für Smart Cities in Deutschland spielen. Auf diese Weise können smarte deutsche Städte und Regionen sowohl Referenz für die Vision einer Smart City als auch Hebel im Wettbewerb der Städte untereinander sein.

5 LITERATUR

acatech Projekt: "German Indian Partnership for IT-Systems (GRIP-IT)", http://www.acatech.de/?id=1073, 2010, zuletzt geprüft am 21. März 2011.

Besselaar P. /Koizumi S. (Eds.): "Digital Cities III: Information Technologies for Social Capital – Cross-cultural Perspectives", Springer-Verlag, Heidelberg 2005.

Booz Allen Hamilton Analyse, Mclean Virginia 2007.

Roger, W./Walshok, M. G.: "Transforming Regions Through Information Technology": Developing Smart Counties in California, http://www.smartcommunities.org/cal/articles.htm, zuletzt geprüft am 21. März 2011.

Cook, D./Sajal D.: "Smart Environments: Technologies, Protocols, and Applications", Wiley-Interscience, UK 2005.

Ergazakis et al.: „Towards Knowledge Cities": Conceptual Analysis and Success Stories, Journal of Knowledge Management, Vol.8, No 5, S. 5-15, 2004.

Financial Times Deutschland: „Intelligente Städte", Zwischen Dürre und Flut, 08.06.2009.

Giffinger, R.: „Smart cities – Ranking of European medium-sized cities". http://www.smart-cities.eu/, 2007, zuletzt geprüft am 21. März 2011.

Graumann, S.: IKT Standort Deutschland im europäischen Vergleich, 5. ePerformance Report 2009, BMWi, Berlin 2009.

Gustafson, P.: "Digital Disruptions": Technology Innovations Powering 21st Century Business. Environmental Information Symposium 2008 "Transforming Information Into Solutions", US 2008.

Ishida T./Isbister K. (Eds.): "Digital Cities: Technologies, Experiences, and Future Perspectives", Springer-Verlag, Heidelberg 2000.

Jee-hee Koo/Tae-woong Jung/Bok-hwan Kim: „Design Status Analysis for Development of U-City Education and Training Course", JDCTA: International Journal of Digital Content Technology and its Applications, Vol. 3, No. 1, S. 40 – 45, 2009.

Jones, A./Williams, L./Lee, N./Coats, D./Cowling, M.: "Ideopolis: Knowledge City Regions", London: The Work Foundation, http://theworkfoundation.com/assets/docs/publications/160_Norwich_KE.pdf, 2006, zuletzt geprüft am 21. März 2011.

Just, T./Thater C.: "Megacities: Wachsum ohne Grenzen?", Deutsche Bank Research, Frankfurt 2008.

Komninos, N.: „Intelligent Cities: Innovation, Knowledge Systems and Digital Spaces". Spon Press, London, UK 2002.

Komninos, N.: „Intelligent Cities: Towards Interactive and Global Innovation Environments". International Journal of Innovation and Regional Development 1 (4), S. 337-355 (19), Inderscience Publishers, Genf 2009.

Paskaleva, K.: „Enabling the smart city: The progress of e-city governance in Europe". International Journal of Innovation and Regional Development 1 (4), S. 405-422 (18), Inderscience Publishers, Genf 2009.

Steventon, A/Wright, S. (Eds.), "Intelligent Spaces - The Application of Pervasive ICT", Series: Computer Communications and Networks, Springer Verlag, Heidelberg 2006.

Siemens: „Pictures of the Future, Demographischer Wandel | Fakten und Prognosen", Die Zeitschrift für Forschung und Innovation Siemens Technology Press and Innovation Communications, München 2010.

Tanabe, M./Besselaar, P./Ishida, T. (Eds.): "Digital Cities II: Computational and Sociological Approaches", Springer-Verlag, Heidelberg 2002.

UNDESA: "RETHINKING POVERTY: REPORT ON THE WORLD SOCIAL SITUATION", New York 2010.

UNHABITAT: „State of the World's Cities 2010/2011, Cities for All: Bridging the Urban Divide", New York 2010.

> BISHER SIND IN DER REIHE „acatech BEZIEHT POSITION" FOLGENDE BÄNDE ERSCHIENEN:

acatech (Hrsg.): *Akzeptanz von Technik und Infrastrukturen* (acatech bezieht Position, Nr. 9), Heidelberg u.a.: Springer Verlag 2011.

acatech (Hrsg.): *Nanoelektronik als künftige Schlüsseltechnologie der Informations- und Kommunikationstechnik in Deutschland* (acatech bezieht Position, Nr. 8), Heidelberg u.a.: Springer Verlag 2011.

acatech (Hrsg.): *Leitlinien für eine deutsche Raumfahrtpolitik* (acatech bezieht Position, Nr. 7), Heidelberg u.a.: Springer Verlag 2011.

acatech (Hrsg.): *Wie Deutschland zum Leitanbieter für Elektromobilität werden kann* (acatech bezieht Position, Nr. 6), Heidelberg u.a.: Springer Verlag 2010.

acatech (Hrsg.): *Intelligente Objekte – klein, vernetzt, sensitiv* (acatech bezieht Position, Nr. 5), Heidelberg u.a.: Springer Verlag 2009.

acatech (Hrsg.): *Strategie zur Förderung des Nachwuchses in Technik und Naturwissenschaft. Handlungsempfehlungen für die Gegenwart, Forschungsbedarf für die Zukunft* (acatech bezieht Position, Nr. 4), Heidelberg u.a.: Springer Verlag 2009.

acatech (Hrsg.): *Materialwissenschaft und Werkstofftechnik in Deutschland. Empfehlungen zu Profilbildung, Forschung und Lehre* (acatech bezieht Position, Nr. 3), Stuttgart: Fraunhofer IRB Verlag 2008.

acatech (Hrsg.): *Innovationskraft der Gesundheitstechnologien* (acatech bezieht Position, Nr. 2), Stuttgart: Fraunhofer IRB Verlag 2007.

acatech (Hrsg.): *RFID wird erwachsen. Deutschland sollte die Potenziale der elektronischen Identifikation nutzen* (acatech bezieht Position, Nr. 1), Stuttgart: Fraunhofer IRB Verlag 2006.

> acatech – DEUTSCHE AKADEMIE DER TECHNIKWISSENSCHAFTEN

acatech vertritt die Interessen der deutschen Technikwissenschaften im In- und Ausland in selbstbestimmter, unabhängiger und gemeinwohlorientierter Weise. Als Arbeitsakademie berät acatech Politik und Gesellschaft in technikwissenschaftlichen und technologiepolitischen Zukunftsfragen. Darüber hinaus hat es sich acatech zum Ziel gesetzt, den Wissenstransfer zwischen Wissenschaft und Wirtschaft zu erleichtern und den technikwissenschaftlichen Nachwuchs zu fördern. Zu den Mitgliedern der Akademie zählen herausragende Wissenschaftler aus Hochschulen, Forschungseinrichtungen und Unternehmen. acatech finanziert sich durch eine institutionelle Förderung von Bund und Ländern sowie durch Spenden und projektbezogene Drittmittel. Um die Akzeptanz des technischen Fortschritts in Deutschland zu fördern und das Potenzial zukunftsweisender Technologien für Wirtschaft und Gesellschaft deutlich zu machen, veranstaltet acatech Symposien, Foren, Podiumsdiskussionen und Workshops. Mit Studien, Empfehlungen und Stellungnahmen wendet sich acatech an die Öffentlichkeit. acatech besteht aus drei Organen: Die Mitglieder der Akademie sind in der Mitgliederversammlung organisiert; ein Senat mit namhaften Persönlichkeiten aus Industrie, Wissenschaft und Politik berät acatech in Fragen der strategischen Ausrichtung und sorgt für den Austausch mit der Wirtschaft und anderen Wissenschaftsorganisationen in Deutschland; das Präsidium, das von den Akademiemitgliedern und vom Senat bestimmt wird, lenkt die Arbeit. Die Geschäftsstelle von acatech befindet sich in München; zudem ist acatech mit einem Hauptstadtbüro in Berlin vertreten

Weitere Informationen unter www.acatech.de

> DIE REIHE „acatech BEZIEHT POSITION"

in der Reihe „acatech bezieht Position" erscheinen Stellungnahmen der Deutschen Akademie der Technikwissenschaften zu aktuellen technikwissenschaftlichen und technologiepolitischen Themen. Die Veröffentlichungen enthalten Empfehlungen für Politik, Wirtschaft und Wissenschaft. Die Stellungnahmen werden von acatech Mitgliedern und weiteren Experten erarbeitet und dann von acatech autorisiert und herausgegeben.

MIX
Papier aus verantwortungsvollen Quellen
Paper from responsible sources
FSC® C105338

If you have any concerns about our products,
you can contact us on
ProductSafety@springernature.com

In case Publisher is established outside the EU,
the EU authorized representative is:
**Springer Nature Customer Service Center GmbH
Europaplatz 3, 69115 Heidelberg, Germany**

Printed by Libri Plureos GmbH
in Hamburg, Germany